BEI GRIN MACHT SICH IHR WISSEN BEZAHLT

- Wir veröffentlichen Ihre Hausarbeit,
  Bachelor- und Masterarbeit

- Ihr eigenes eBook und Buch -
  weltweit in allen wichtigen Shops

- Verdienen Sie an jedem Verkauf

Jetzt bei www.GRIN.com hochladen
und kostenlos publizieren

Bibliografische Information der Deutschen Nationalbibliothek:

Die Deutsche Bibliothek verzeichnet diese Publikation in der Deutschen National-
bibliografie; detaillierte bibliografische Daten sind im Internet über http://dnb.d-
nb.de/ abrufbar.

Impressum:

Copyright © 2018 GRIN Verlag
Druck und Bindung: Books on Demand GmbH, Norderstedt Germany
ISBN: 9783346038944

Dieses Buch bei GRIN:

https://www.grin.com/document/458957

Jeannine Uchej

Was ist Wissenschaft? Begriffsbestimmung im Rahmen der Sozialwissenschaften und der Sozialen Arbeit

GRIN Verlag

Eingereicht am: 27.06.2018

International University

of Applied Sciences

Internationale Hochschule Bad Honnef

Fernstudium

Bachelor of Arts Soziale Arbeit

Kurs: Einführung in das wissenschaftliche Arbeiten

Hausarbeit

Was ist Wissenschaft?

„Was Wissen schafft!"

Jeannine Uchej

II. Inhaltsverzeichnis:

III. Abbildungsverzeichnis:

IV.   Abkürzungsverzeichnis:

bzw.	beziehungsweise
d. h.	das heißt
f.	die angegebene und die folgende Seite
Jhd.	Jahrhundert
sog.	sogenannten
z.B.	zum Beispiel

1.Einleitung:

„Eine gewaltige Lichtsinfonie spielte in tiefstem, feierlichen Schweigen über unseren Häuptern, wie um unseren Häuptern, wie um unserer Wissenschaft zu spotten: kommt doch her und erforscht mich! Sagt mir, was ich bin" (Reinke-Kunze 1994, S. 39).

Aus diesem Zitat lässt sich erahnen, auf welch tiefgründige, sowie komplexe Weise das Thema Wissenschaft — *Wissen schafft*. Es geht daraus hervor, dass die Wissenschaft Spott ausgeliefert ist. Das Zitat lädt dazu ein, Wissenschaft kennenzulernen und zu erforschen.

Auf den ersten Blick erscheint die Welt unübersichtlich. Um sich in ihr orientieren zu können, schafft sich jeder Mensch ein eigenes Abbild, sozusagen sein Wissen über die Welt. Objektives wird mit Subjektivem vermengt, wobei es zu Widersprüchen kommt. Trotz allem funktioniert die Erkenntnis von Wissen als Ganzem. Somit wird die Welt erkennbar. Mit diesem Beispiel der Wissenschaft, wird darauf hingewiesen, dass diese nicht nur der theoretischen Neugierde folgt, sondern indem die Wissenschaft alle Bereiche des täglichen Lebens durchdringt — unterschiedliche Anwendung gefunden hat. Wissenschaft schafft vielfältige Möglichkeiten des Handelns, gleichzeitig wird die Menschheit durch Wissenschaft aufgeklärt, was vorher Religionen für sich in Anspruch genommen haben (Birgmeier 2012, S. 110). In diesem Kontext wird das Weltbild erneuert und umgestaltet. Jeder, der das Wort Wissenschaft verwendet, hat eigene Definitionen von dieser Begrifflichkeit. Doch es stellen sich im Alltag sowie im Studium der Sozialen Arbeit die Fragen, ob grundsätzlich davon auszugehen ist, dass das Verständnis vom Sachverhalt dieser Worte richtig ist und ob davon ausgegangen werden kann, dass derjenige, demgegenüber der Begriff Wissenschaft verwendet wird, diesen genauso versteht. Johann Wolfgang von Goethe bringt mit dem Zitat *„mit dem Wissen wächst der Zweifel"* (D12 Zitate und Aussprüche: Herkunft und aktueller Gebrauch 2017, S. 391) das Dilemma über die Komplexität sowie die Bedeutung der Wissenschaft, treffend auf den Punkt.

Im zweiten Abschnitt der Hausarbeit soll die Theorie der Wissenschaft konkretisieren, was Wissenschaft ist. In diesem Zusammenhang wird im dritten Abschnitt auf die verschiedenen Richtungen der Wissenschaft eingegangen. Im vierten Abschnitt gilt es zu erläutern, welche Bedeutung den Denkschulen im Feld der Wissenschaft beigemessen wird. Mit der historischen Entwicklung der erkenntnistheoretischen Schulen, werden bedeutende Vertreter vorgestellt. Mit Max Weber, Theodor W. Adorno (Frankfurter Schule) sowie Karl Raimund Popper wird Raum für Einblicke in die unterschiedlichen Theorien wie die Werturteilsfreiheit, die Kritische Theorie sowie den Kritischen Rationalismus geboten. Angesichts des komplexen Feldes der Wissenschaft, muss die Betrachtung an der Oberfläche bleiben, es wird ein kleiner Einblick in die Schöpfung der Wissenschaft gegeben. Am Schluss, hat der Leser einen ersten Überblick, was sich unter dem

Begriff „Wissenschaft" verbirgt. Ziel der Hausarbeit ist es eine gewisse Neugier für das komplexe Thema, „Wissenschaft" zu entwickeln, Konstrukte zu hinterfragen sowie auch zu erforschen.

2.Was ist Wissenschaft oder die Theorie der Wissenschaft?

Wird die Bezeichnung Wissenschaft wörtlich verstanden, wird im Kontext wissenschaftlicher Forschungsprozesse, Wissen erschaffen. Es werden in der Erkenntnistheorie verschiedene Entwürfe von Wissen formuliert, wobei, die klassische Betrachtungsweise des Wissens Anwendung findet sofern die Aussage als Elemente von Theorien authentisch und vertretbar ist. Damit ist nicht zwingend die absolute, sichere Wahrheit oder das Vorliegen der apodiktische Rechtfertigung verlangt, es können in der Wissenschaft falsche Behauptungen und Rechtfertigungen die sich als falsch erweisen, aufgestellt werden. Wissenschaft ist dem Irrtum unterworfen und somit fehlbar. Rechtfertigung und Wahrheit, stellen daher zentrale Betrachtungsweisen dar, um zu klären, ob die kognitiven Ziele der Wissenschaft erreicht werden (Brühl 2015, S. 34).

Beantwortet werden soll die Frage eines Zusammenhangs von Wissenschaft und Aufklärung. Wissenschaft dient der Aufklärung, die wiederum eine Voraussetzung für Wahrheit ist.

Die Existenz eines Diskurses mit der Bezeichnung „Wissenschaftstheorie" macht deutlich, dass diese aufgrund der langen Geschichte nicht problemlos beschrieben und sichtbar gemacht werden kann (Meidl 2009, S. 13). Die Wissenschaftstheorie ist die Theorie der Wissenschaft und lässt die Menschheit darüber spekulieren, wie Wissenschaft durch ihre Strukturierung von wissenschaftlichen Theorien sowie deren Überprüfung entsteht (Seiffert 2003, S. 57).

Es wird ein Rahmen geschaffen, in dem die Forschung und die Lehre stattfinden. Nach wissenschaftstheoretischen Vorstellungen, bedeutet, dass eine Vorstellung entwickelt wird, mit welcher Art und Weise Wissenschaft betrieben wird.   Ein Kriterium für diesen Rahmens ist die intersubjektive und empirische Überprüfbarkeit. Um das Prozedere zu verdeutlichen: Es handelt sich um die Spielregeln des wissenschaftlichen Ablaufs. Unter der intersubjektiven Überprüfbarkeit wird verstanden, dass innerhalb einer Wissenschaftlergemeinschaft, eine Übereinstimmung über den Sinn wissenschaftlicher Handlungen und Methoden um Beweise sowie die Überprüfbarkeit wissenschaftlicher Aussagen herrscht (Frey/Schmalzried 2013 S. 252).

Die entscheidenden Abgrenzungskriterien hinsichtlich, wissenschaftliche Theorien und alltagspsychologischer oder religiöser Theorien sind bei den verschiedenen Lehren der Wissenschaftstheorien zu finden. Jedoch existiert keine allumfassende Wissenschaftstheorie, sondern, es existieren eher mehrere Positionen oder auch die sogenannten Denkschulen mit ihren unterschiedlichen Auffassungen über Wissenschaften. Aufgrund der differenzierten Perspektiven in der Wissenschaft fallen auch die Aussagen über die Aufgaben und Ziele von Wissenschaften vielfältig aus. Es geht hierbei um die Frage, ob Wissenschaften erklären (Kritischer

Rationalismus),verändern (Kritischer Theorien) sowie werten oder bewerten (Werturteilsfreiheit).Je nachdem, wie die Antworten ausfallen, ergeben sich weitreichende Konsequenzen für den wissenschaftlichen Arbeitsbetrieb (Frey/Schmalzried 2013 S. 253).

3. Richtungen der Wissenschaft

Eines der größten Bedürfnisse der Menschheit ist es, über die Welt Bescheid zu wissen, Erkenntnisse und Einsichten zu erlangen und die Beschaffenheit der Wirklichkeit mit Daten und Fakten zu analysieren. Dabei ist die Menschheit daran interessiert, wie die Realität beschaffen ist. Jede Wissenschaft konzentriert sich auf einen ganz bestimmten Bereich der Wirklichkeit. Das Wissenschaftssystem ist disziplinär sorgfältig und systematisch vorbereitet. Einzelne Wissenschaftsdisziplinen bzw. Fächer zeichnen sich durch einen wissenschaftstheoretischen Blickwinkel, den sogenannten Untersuchungsgegenstand aus (Döring und Bortz 2016 vgl.).Wilhelm Dilthey, der Begründer der Erkenntnistheorie der Geisteswissenschaften trennt die Wissenschaften seinerzeit in Natur und Geist (Hobmair und Altenthan 2008,S. 54).

In diesem Zusammenhang lassen sich die wissenschaftlichen Richtungen oberflächlich in Geisteswissenschaften und Naturwissenschaften gliedern. Die Wissenschaften, in denen Gesetze und Vorgänge der Natur untersucht werden, unter dem Oberbegriff Naturwissenschaften zusammengefasst und finden sich in der Physik, Chemie sowie Biologie wieder. In diesem Bereich werden Vorgänge und Gesetze eines Teils der Natur erforscht. Wissenschaften, in denen sich mit Ergebnissen der Kultur und dem menschlichen Verstand beschäftigt, wird, werden als Geisteswissenschaften bezeichnet. In der Geisteswissenschaft erfolgt eine Beschäftigung mit Ethik, Philosophie, Sprachwissenschaft, Kunst oder Kultur (Hobmair/Altenthan 2008, S. 54f.).

Zeitgleich etablieren sich in den verschiedenen Wissenschaftsdisziplinen eigene Institutionen, z. B. Studiengänge, Forschungsinstitute sowie Fachzeitschriften. Der wissenschaftliche Fächerkanon hat sich historisch entwickelt und ist bis heute dem ständigen Wandel unterworfen. Durch soziale Veränderungen und neue technische Innovationen, entstehen mit ihnen neue wissenschaftliche Disziplinen. Um die Vielzahl der Disziplinen zu ordnen, ist die heute gängigste Gruppierung die in Fächergruppen.Eine disziplinäre Einteilung der Wissenschaften,wie sie in Tabelle.1.2 dargestellt ist,liefert eine Orientierung über das Wissenschaftssystem (Döhring/Bortz 2016,S. 13).

Tabelle 1.2 Einteilung von Wissenschaftsdisziplinen in Fächergruppen

Nicht-empirische Wissenschaften		Empirische Wissenschaften/Erfahrungswissenschaften		
Formalwissenschaften ("formal sciences")	Geisteswissenschaften ("humanities")	Sozialwissenschaften auch: Humanwissenschaften, Gesellschaftswissenschaften ("social sciences")	Naturwissenschaften ("natural sciences")	Technikwissenschaften auch: Ingenieurwissenschaften ("engineering sciences")
Philosophie	Theologie	Psychologie	Physik	Maschinenbau
Mathematik	Rechtswissenschaft	Medizin	Chemie	Elektrotechnik
etc.	Geschichte	Erziehungswissenschaft	Biologie	Bauingenieurwesen
	Literaturwissenschaft	Soziologie	Geowissenschaften	Verfahrenstechnik
	Sprachwissenschaft	Wirtschaftswissenschaft	Astronomie	Informatik
	Medienwissenschaft	Kommunikationswissenschaft	etc.	etc.

(Döhring/Bortz 2016, S. 13)

4. Denkschulen im Kontext der Wissenschaft

In der Gesellschafts – und Geisteswissenschaft wird traditionell von wissenschaftlichen Schulen gesprochen. In der zweiten Hälfte des 20.Jhd. wurde die Frankfurter Schule zu einer der bekanntesten, ihrer Zeit. Hinter dem Phänomen der Denkschule verbirgt sich die Tatsache, dass Wissenschaftler einen großen Teil ihrer akademischen Laufbahn in einer Lehrer-Schüler- Beziehung verbringen anfangs als Student und später als Mentor. Deshalb wird angenommen, dass die Denkformen und -modelle von ständig zusammenarbeitenden Wissenschaftlern, einander gleichen. Durch den permanenten Austausch von wissenschaftlichen Modellen, Konzepten und Theorien sowie während des Interaktionsprozesses kommt es zur Verschmelzung der Standpunkte. Es wird zudem vermutet, dass verschiedene Grundelemente auf die Studenten übertragen werden. In der Vergangenheit hat sich erwiesen, dass ganze Forscherfamilien und deren Anhänger ähnliche Standpunkte vertreten. Mit dem Begriff Denkschule wird somit der soziale, herrschende Aspekt der Theoriebildung und deren Weiterentwicklung hervorgehoben (Wolf 2008,S. 31f.).

Das bedeutet, dass sich verschiedene Wissenschaftler innerhalb ihrer Wissenschaftsdisziplin in Zirkeln, Netzwerken oder Subgruppen bewusst positionieren. Es gibt mehrere Gründe dafür, warum keine Wissenschaftsdisziplin frei von der Bildung von Denkschulen ist. Denkschulen bilden sich beispielsweise heraus, da ein enges Band zwischen der Universität und deren Studenten besteht und Nachwuchswissenschaftler eng im Team des jeweiligen Professors zusammenarbeiten. Dissertationen sind oft an den Methoden der jeweiligen Lehrstühle orientiert. Gleichzeitig entwickelt sich im Laufe des akademischen Werdegangs eine gewisse Orientierung an Konzepten und Methoden, die in späteren Jahren nicht mehr abgelegt wird. Abschließend ist anzumerken, dass die

Anhänger derselben Denkschule nicht selten Kontrahenten werden. Aktuell und in Zukunft ist aufgrund der Ablösung der Habilitation an deutschen Universitäten zu erwarten, dass die vorhandenen Denkschulen rückläufig sind (Wolf 2008, S. 33).

5. Vertreter verschiedener Denkschulen

5.1.Max Weber und die Werturteilsfreiheit

Max Weber war der Erste, der die These der Wertfreiheit aufstellt. Er vertrat die Theorie, dass es nicht möglich ist, wissenschaftliche Werturteile zu fällen. Aus diesem Grund fordert er mit dem Werturteilsfreiheitspostulat, in der Wissenschaft Tatsachenbehauptungen und Werturteile deutlich voneinander zu trennen und zu veranschaulichen. Dies soll die Verbreitung subjektiver Standpunkte unter dem Schein der Wissenschaftlichkeit verhindern (Keuth 1989, S. 7).

Kurz vor dem Ersten Weltkrieg, spielt sich der erste Werturteilsstreit von insgesamt dreien ab. Jedoch soll in diesem Abschnitt nur auf den ersten näher eingegangen werden. Bei Max Webers Werturteilsstreit geht es weniger um wissenschaftstheoretische Auseinandersetzungen, sondern vielmehr um eine Art Feldzug, der von Max Weber zusammen mit seinen Sympathisanten aufrechterhalten wird. Der Werturteilsstreit steht im institutionellen Kontext, es geht um die Gründung von Fachgesellschaften und die Abspaltung der Soziologie von der Nationalökonomie als akademischen Fach. Im Hinblick auf Webers Standpunkt, handelt es sich um zwei zentrale Fragen. Diese müssen zusammenhängend betrachtet, jedoch grundsätzlich auseinandergehalten werden (Schurz/Carrier 2013, S. 75).

Es stellt sich erstens die Frage der praktischen Bewertung, d.h. einer durch Handeln beeinflusste Vorstellung wird als schlecht verstanden. Was ist unter der Begrifflichkeit „Werturteil" grundsätzlich zu verstehen? Der Begriff „Kathederwertung" wird von Max Weber in diesem Zusammenhang postuliert. Er versteht darunter praktische Wertungen, z.B. soziale Tatsachen unter ethisch oder kulturellen Gesichtspunkten die praktisch wünschenswert oder unerwünscht sind (Keuth 1989,S. 23).Bei der zweiten Frage geht es darum, ob Werturteile zum Bestand der Sozialwissenschaften gehören (Schurz/Carrier 2013, S. 76).

Nach Webers Theorie ist das richtige Handeln nicht von praktischem und theoretischem Wissen, sondern vielmehr von der spezifischen Wahl abhängig. Die Wahl zwischen unterschiedlichen Handlungsmöglichkeiten, die allesamt richtig sein können. Er verteidigt in seiner These die „Reinheit der reinen Wissenschaft" (Keuth 1989,S. 108ff).

Abschließend ist zu sagen, dass Wissenschaftler wie Popper oder Adorno versuchten, einen Weg zu finden, Max Webers These, normative Werturteile und die Forderung von Tatsachenbehauptungen und Werturteilen getrennt voneinander darzustellen, zu widerlegen.

5.2. Frankfurter Schule und Kritische Theorie

Die Frankfurter Schule und die Kritische Theorie verbindet mehr als eine theoretische Richtung sowie ein Stück Wissenschaftsgeschichte. Es handelt sich um die Idee eines sozialwissenschaftlichen Paradigmas, um das sich die Namen Adorno, Horkheimer, Marcuse und, Habermas positionieren. In diesem Zusammenhang handelt es sich um eine Linie der Studentenbewegung, des Positivismusstreits, die Kulturkritik und nicht zu vergessen, des Dritten Reichs, des Judentums sowie des Marxismus (Wiggershaus 2015, S. 5).

Das sozialwissenschaftliche Paradigma, verbindet unterschiedliche Erkenntnisse aus den Sozialwissenschaften. Seine normative Begründungsinstanz ist das Interesse an der Abschaffung gesellschaftlich verursachten Leidens (Schweppenhäuser 2010 vgl.).

Es gibt drei große Ideen, die mit der Frankfurter Schule assoziiert werden. Dies ist zum einen die Kritik an der Moderne, d. h.an der modernen Wissenschaft sowie an der Aufklärung. Ein weiterer Aspekt ist die Identifizierung, also die Erklärung und Kritik der abnormen modernen Gesellschaften. Abschließend sei die Kritik an repressiven Zuständen aus der Perspektive emanzipatorischer Ideen zu erwähnen. Ein weiteres zentrales Merkmal Kritischer Theorien ist ferner eine detaillierte Reflexivität, die eine entscheidende Grundlage ihres emanzipatorischen Charakters darstellt. Mit diesen Merkmalen sind auch Fragen der Methoden der Sozialwissenschaften verbunden. So kombiniert die Kritische Theorie die methodendualistische Variante der Hermeneutik mit ihrer Lehre von der unvermeidlichen Interessenverbundenheit aller Erkenntnisse (Birgmeier 2012, S. 123).

Verbindend bleibt für die Tradition der Kritischen Theorie, ihr Eintreten für soziale Gerechtigkeit — wenngleich mit der Kritischen Theorie nicht vorausgesagt werden kann, welchen Stellenwert sie erlangt. Die empirischen Prozesse, die notwendig sind die „Wahrheit" zu erforschen, wurden von Horkheimer und Adorno nicht empirisch untersucht. Daher können mit der Kritischen Theorie nur insofern Wünsche geäußert werden, als Gesellschaftsmitglieder den Blickwinkel der Theorie akzeptieren und versuchen, nach deren Grundlage zu handeln. Aufgrund einer dialektischen immanenten Kritik wird mit der Kritischen Theorie versucht, an wiederständigen Erfahrungen sowie Idealen anzusetzen.

Adorno vertritt die Auffassung, dass die Idee einer richtigen Gesellschaft in der Realität bereits vorhanden ist. Hierbei ist zu ergänzen, dass die Kritische Theorie einen aktiven sowie ein kreativen Prozess darstellt. Die Adressaten tragen zum Verständnis der Gegenwart bei, indem sie Theorien auf ihren Lebenskontext beziehen, und sowie diesen zum Teil erneuern. Kritische Theorien sind reflektierende Gesellschaftstheorien, die entstehen können und ihre Verwendung finden.

Es lässt sich jedoch nicht bestreiten, dass der Erfolg der Frankfurter Schule in den 60er Jahren in Deutschland mit der Auseinandersetzung des Faschismus konform geht (Winter/Zima 2015, S. 33).

Abschließend ist zu erwähnen, dass die Lehre der Kritischen Theorie im Widerspruch zur Forderung der Wertneutralität Max Webers steht.

5.3. Karl Raimund Popper und der kritische Rationalismus

„Alles Wissen ist Vermutungswissen" (Prechtl 2016,S. 102) und jede wissenschaftliche Theorie kann einen Irrtum beinhalten, da ihre Wahrheit niemals verifiziert wird (Popper 2012,S. 205). Das Werk Logik der Forschung in dem Popper den kritischen Rationalismus beschreibt, wird im Jahr 1934 zu einem einflussreichen Buch (Frey/Schmalzried 2013, S. 262). Der Kritische Rationalismus stellt eine Wende in der Wissenschaftstheorie dar. Bis zu diesem Zeitpunkt ist es die Aufgabe der empirischen Wissenschaften, ihre Theorien zu beweisen, d. h. darzustellen, dass sie der Wahrheit entsprechen. Mit dieser Vorstellung bricht Popper diese Theorie.

Das Prinzip der Verifikation wird durch das Prinzip der Falsifikation ersetzt. Unter dem Verifikationsprinzip wird in der Wissenschaft verstanden, dass versucht werden soll, eine aufgestellte Theorie als wahr zu bestätigen. Dem gegenüber steht Popper zufolge das Falsifikationsprinzip. Der Wissenschaftler sollte eine Theorie nicht bestätigen, sondern akribisch daran forschen, diese zu widerlegen, d. h. zu beweisen, dass sie falsch ist. Wird dieser Idee gefolgt, kann die empirische Wissenschaft idealerweise fordern, nach bisherigen Gutachten als wahr zu gelten. Beispielsweise kann mit einer Theorie behauptet werden, dass „alle Schwäne weiß sind". Es ist jedoch keinesfalls auszuschließen, dass ein schwarzer Schwan gefunden wird, auch wenn dies zum aktuellen Zeitpunkt ausgeschlossen wird. „Damit trifft Popper aber nicht nur eine Aussage über die beobachteten, sondern auch über alle gegenwärtig, in der Vergangenheit und in der Zukunft existierenden Schwäne" (Frey/Schmalzried 2013, S. 264). Die Theorie würde somit widerlegt werden. Damit weist Popper dem „Zweifel" in der Wissenschaft eine zentrale Rolle zu.

Der Kritische Rationalismus wird durch Popper zu einer Revolution in der Wissenschaftstheorie. Den Kerngedanken des Kritischen Rationalismus bildet die Idee der Kritik. Nur wenn das Verifikationsprinzip aufgegeben wird, kann sich die Wissenschaft weiterentwickeln und der Fortschritt vorangetrieben werden. Nach der Grundidee des Kritischen Rationalismus hat diese Theorie gleichzeitig Auswirkungen auf gesellschaftliche, politische oder wirtschaftliche Bereiche. Um gesellschaftliche Prozesse zu optimieren, muss Schritt für Schritt ein Wandel vollzogen werden, statt einen abstrakten Idealzustand anzusteuern (Frey/Schmalzried 2013, S. 257). Nur weil etwas altbewährt ist, bedeutet dies nicht, dass es gerechtfertigt oder unantastbar sein sollte. Kann eine Kritik plausibel vorgebracht werden, sollte sie Gehör finden. Durch eine solche Kritik können positive Impulse hervorgebracht werden. Um der Idee der Kritik zu begegnen, ist es notwendig, in einen Dialog zu treten (Frey/Schmalzried 2013, S. 274). Es stellt sich die Frage, wann nach Popper, die Theorien wissenschaftlich anerkannt werden. Seinem Modell zufolge sind Theorien wissenschaftlich, wenn sie nachprüfbar, ohne Widersprüche, empirisch , falsifizierbar und wertfrei sind (Frey/Schmalzried 2013, S. 267).

6.Fazit

Wissenschaft im Alltag ist für jedermann allgegenwärtig. Im Kontext der Wissenschaftstheorie bildet sie die Grundlage allen Wissens. Mit den bisherigen Ausführungen wurde bewiesen, dass Wissenschaft ein komplexes Konstrukt ist, das sich dem direkten Zugriff entzieht. Um der Wissenschaft zu folgen, sind wissenschaftliche Forschungsprozesse notwendig, nichts desto trotz ist Wissenschaft nicht frei von Irrtum. Gleichzeitig ist die empirische Überprüfbarkeit unerlässlich, um verlässliche Daten und Fakten über einen Wissenschaftsgegenstand zu erhalten. Merkmale wie Erklärungen, Veränderungen sowie Bewertungen kennzeichnen die „reine Wissenschaft". Jede Richtung oder Linie der Wissenschaft fokussiert eine bestimmte Wirklichkeit. Allerdings lassen sich die theoretischen Richtungen der Wissenschaft nur oberflächlich gliedern.

Die Auswertung der Literaturrecherche hat verdeutlicht, dass es unwahrscheinlich ist, alle Facetten der Wissenschaft zu erwähnen, da das Feld der Wissenschaft in der Geschichte bereits aus zahlreichen Blickwinkeln betrachtet wurde und noch heute wird.

In der indirekten Annäherung hat sich gezeigt, dass Wissenschaft eine Vielzahl von Definitionen hervorgebracht hat und der Menschheit bis zum heutigen Tag noch immer Geheimnisse mit dem Anspruch, erforscht zu werden, aufgegeben werden. Eine große Rolle spielen dabei die sogenannten Denkschulen, die sich aus der engen Zusammenarbeit zwischen Studenten und Mentoren der jeweiligen Institution über Generationen von Akademikern gebildet haben. Eine der bekanntesten und einflussreichsten, ist die Frankfurter Schule unter der Leitung von Horkheimer, Adorno und Habermas. Das gemeinsame Interesse, lag seinerzeit in der Abschaffung gesellschaftlicher Missstände. Bevor die Frankfurter Schule populär wurde, schrieb Max Weber als Pionier der Wertfreiheit Geschichte. Er forderte die Gesellschaft dazu auf, Tatsachenbehauptungen und Werturteile streng voneinander zu trennen. Mit dem Kritische Rationalismus Karl Poppers wird die Wende der Wissenschaftstheorien eingeläutet. Das Prinzip der Verifikation wird durch das Falsifikationsprinzip ersetzt. In Poppers Theorie finden der Zweifel sowie die Idee der Kritik einen bedeutenden Platz. Diese grundlegende Kehrtwende in der Geschichte der Wissenschaft hatte Auswirkungen auf Gesellschaft, Politik und die damalige Wirtschaft. Es stellt sich die Frage, welcher Denkansatz zeitgemäß und innovativ ist. Die erwähnten Vertreter Theodor Adorno, Max Weber sowie Karl Raimund Popper folgten, damals Idealen und Ideen. Wenn auch einige ihrer Thesen in der Gegenwart verändert und widerlegt wurden sowie Kritik durch die Gesellschaft unterworfen waren, so bedeuten sie doch Meilensteine für die künftige Wissenschaft. In einer weiterführenden

Arbeit kann es von Interesse sein, die unterschiedlichen Theorien im Hinblick auf die Gegenwart zu untersuchen und einen Versuch zu wagen diese zeitgemäß zu implementieren.

12

V. Literaturverzeichnis

Birgmeier, B. (2012): *Soziale Arbeit als Wissenschaft.* Wiesbaden: VS Verl. für Sozialwissenschaft (Soziale Arbeit in Theorie und Wissenschaft).

Brühl, R. (2015): UTB, 4200: *Sozialwissenschaften, Wirtschaftswissenschaften. Wie Wissenschaft Wissen schafft.* Konstanz: UVK Verl.-Ges. [u.a.] (UTB, 4200: Sozialwissenschaften, Wirtschaftswissenschaften).

D12 Zitate und Aussprüche (2017): *Herkunft und aktueller Gebrauch*: Bibliographisches Institut.

Döring, N.; Bortz, J. (2016): *Forschungsmethoden_Bortz Döhring // Forschungsmethoden und Evaluation in den Sozial- und Humanwissenschaften.* Unter Mitarbeit von Sandra Pöschl. 5. vollständig überarbeitete, aktualisierte und erweiterte Auflage. Berlin, Heidelberg: Springer (Springer-Lehrbuch).

Frey, D.; Schmalzried, L. K. (2013): *Philosophie der Führung. Gute Führung lernen von Kant, Aristoteles, Popper & Co.* Berlin, Heidelberg: Springer.

Hobmair, H.; Altenthan, S. (Hrsg.) (2008): *Psychologie. 4. Aufl.* Troisdorf: Bildungsverlag EINS.

Keuth, H. (1989): *Wissenschaft und Werturteil. Zu Werturteilsdiskussion und Positivismusstreit.* Tübingen: Mohr (Die Einheit der Gesellschaftswissenschaften, 59).

Meidl, C. (2009): *Wissenschaftstheorien für SozialforscherInnen.* Wien: Böhlau

Popper, K. (2012): Ausgangspunkte. Meine intellektuelle Entwicklung. Hg. v. Manfred Lube. Tübingen: Mohr Siebeck (Gesammelte Werke, in deutscher Sprache; 15).

Prechtl, P. (2016): *Philosophie.* Stuttgart: J.B. Metzler.

Reinke-Kunze, C. (1994): *Alfred Wegener. Polarforscher und Entdecker der Kontinentaldrift.* Basel, s.l.: Birkhäuser Basel (Lebensgeschichten aus der Wissenschaft).

Schurz, G.; Carrier, M.(Hgg.) (2013): *Werte in den Wissenschaften. Neue Ansätze zum Werturteilsstreit.* 1. Aufl. Berlin: Suhrkamp (Suhrkamp-Taschenbuch Wissenschaft, 2062).

Schweppenhäuser, G. (2010): *Kritische Theorie.* Stuttgart: Philipp Reclam jun (Grundwissen Philosophie, 20330).

Seiffert, H. (2003): *Einführung in die Wissenschaftstheorie. 13., unveränderte Aufl.* München: Beck (Beck'sche Reihe, 60).

Wiggershaus, R. (2015): *Die Frankfurter Schule. Geschichte theoret. Entwicklung polit. Bedeutung.* München: Dt. Taschenbuchverl. (Dtv, 4484: Dtv-Wissenschaft).

Winter, R.; Zima, P. V. (2015): *Kritische Theorie heute*: transcript Verlag.

Wolf, J. (2008): *Organisation, Management, Unternehmensführung. Theorien, Praxisbeispiele und Kritik. 3., vollst. überarb. und erw. Aufl.* Wiesbaden: Gabler (Gabler-Lehrbuch).